Nithiyananthan Kannan
Priyanka Ramesh Mani

Interfaces digitais em série energeticamente eficientes

Nithiyananthan Kannan
Priyanka Ramesh Mani

Interfaces digitais em série energeticamente eficientes

Simulações sobre medições de energia para processadores com interfaces SPI e I2C

ScienciaScripts

Imprint
Any brand names and product names mentioned in this book are subject to trademark, brand or patent protection and are trademarks or registered trademarks of their respective holders. The use of brand names, product names, common names, trade names, product descriptions etc. even without a particular marking in this work is in no way to be construed to mean that such names may be regarded as unrestricted in respect of trademark and brand protection legislation and could thus be used by anyone.

Cover image: www.ingimage.com

This book is a translation from the original published under ISBN 978-620-2-02167-8.

Publisher:
Sciencia Scripts
is a trademark of
Dodo Books Indian Ocean Ltd. and OmniScriptum S.R.L publishing group

120 High Road, East Finchley, London, N2 9ED, United Kingdom
Str. Armeneasca 28/1, office 1, Chisinau MD-2012, Republic of Moldova, Europe
Printed at: see last page
ISBN: 978-620-7-88142-0

ENERGIA

EFICIENTE

DIGITAL SERIAL

INTERFACES

K.NITHIYANANTHAN[+] & PRIYANKA MANI[*]

[+] KARPAGAM COLLEGE OF ENGINEERING

INDIA

[*]PG ESTUDANTE MIT BOSTON

EUA

ÍNDICE DE CONTEÚDOS

Capítulo 1

PORTOS

1.1 Introdução

As portas são uma parte muito importante de um sistema, pois funcionam como uma interface entre o sistema e outros dispositivos que queira ligar ao sistema. Esta peça de equipamento é fácil de encontrar em todos os sistemas, pois permite-lhe ligar outros dispositivos. Quando se liga um novo dispositivo com a ajuda de qualquer porta, os sinais começam a fluir através do sistema para o dispositivo e este começa a funcionar em conjunto com o sistema, de acordo com os seus comandos. Estas portas dividem-se principalmente em dois tipos e, em seguida, outros subtipos são contados na sua série. Os dois principais tipos de portas são as portas macho e fêmea, popularmente conhecidas como portas série e paralelas. As portas fêmeas são as mais utilizadas porque é mais fácil substituir os pinos dobrados num cabo do que num conetor ligado a um computador. Com o passar do tempo, as novas tecnologias estão a ser incorporadas nas antigas e estão a levar cada vez mais utilizadores a aproveitar a oportunidade de utilizar os melhores presentes da tecnologia. Assim, os novos tipos de portas também estão a tornar-se populares nos novos dispositivos. Alguns dos novos e famosos tipos de portas são apresentados a seguir.

1.2 Tipos de portos

. **As portas PS/2** são o tipo de portas mais simples e mais antigo, e ainda estão disponíveis no mercado para vários sistemas. São portas de ligação em série de 6 pinos, de baixa velocidade, que são principalmente utilizadas com ratos e teclados. Nos sistemas, existem duas portas deste tipo. Embora tenham um aspeto semelhante, não são intermutáveis. É importante ter muito cuidado ao ligar o teclado e o rato à respectiva porta PS/2.

- **A porta do monitor VGA** é utilizada para apresentar a matriz de gráficos de vídeo no seu sistema. Esta porta utiliza um monitor analógico, que encaminha os sinais para o adaptador de ecrã. Todos os monitores e LCDs aceitam estes sinais, mas alguns ecrãs planos preferem utilizar uma interface de sinal digital. A resolução VGA refere-se normalmente à resolução original de 640x480 pixéis e 16 cores, mas não é a escolha preferida para monitores ou ecrãs pequenos.

- **As portas USB** são atualmente populares, uma vez que substituíram muitas portas antigas nos sistemas. Tomaram o lugar das antigas ligações de impressoras, e estas portas estão também a fornecer formas adicionais de transferir dados e adicionar acessórios a um sistema. As unidades flash são os maiores exemplos destas portas, que são ligadas apenas através destas portas. Estas portas estão também a ajudar os utilizadores de smartphones, uma vez que podem agora transferir dados muito facilmente dos computadores para os seus telefones.

- **As portas de série** são concebidas para lidar com todos os processos de um sistema. Esta porta é constituída por 9 a 24 pinos e é capaz de enviar dados num raio de mais de 18 pés. As portas de série têm a capacidade de efetuar transmissões de dados unidireccionais e bidireccionais com total responsabilidade.

- **As portas paralelas** são compostas por 25 orifícios ou pinos e ligam normalmente os dispositivos ao sistema. A capacidade de desempenho destas portas é muito mais rápida em comparação com as portas de série e outros tipos de portas. Estas portas têm uma placa-mãe incorporada e são compostas por 25 fios, 8 dos quais são responsáveis pela transferência de dados e pelo controlo de todo o circuito.

- A **porta Ethernet RJ45** é conhecida por ser utilizada para ligar o seu sistema a redes locais. Assemelha-se ao conetor dos telefones, mas é um pouco mais largo em comparação com este.

Para além das mencionadas acima, algumas portas populares incluem entrada, saída, áudio, vídeo, rede, etc., juntamente com muitos outros tipos de portas que são utilizadas para ligar a um sistema. Todas elas são conhecidas por desempenharem as suas funções de forma precisa e eficiente num sistema informático. Os utilizadores podem escolher facilmente entre elas, de acordo com o tipo de hardware que tem de ser ligado ao computador.

1.3 Comunicações em série

Nas telecomunicações e na transmissão de dados, a comunicação em série é o processo de envio de dados um bit de cada vez, sequencialmente, através de um canal de comunicação ou barramento de computador. Isto contrasta com a comunicação paralela, em que vários bits são enviados como um todo, numa ligação com vários canais paralelos. A comunicação em série é utilizada em todas as comunicações de longo curso e na maioria das redes de computadores, onde o custo do cabo é elevado e existem dificuldades de sincronização, tornando a comunicação paralela impraticável. Os barramentos de computador em série estão a tornar-se mais comuns, mesmo a distâncias mais curtas, uma vez que a melhoria da integridade do sinal e das velocidades de transmissão nas tecnologias em série mais recentes começou a ultrapassar a vantagem da simplicidade do barramento paralelo (sem necessidade de serializador e desserializador, ou SerDes) e a superar as suas desvantagens (distorção do relógio, densidade da interligação). A migração de PCI para PCI.

Muitos sistemas de comunicação em série foram originalmente concebidos para transferir dados a distâncias relativamente grandes através de algum tipo de cabo de dados. O termo "série" refere-se mais frequentemente à porta RS232 na parte de trás do IBM PC original, muitas vezes chamada "a" porta série, e "o" cabo série concebido para a ligar, bem como os muitos dispositivos concebidos para serem compatíveis com ela.

Praticamente todas as comunicações a longa distância transmitem dados um bit de cada vez, em vez de em paralelo, porque isso reduz o custo do cabo. Os cabos que transportam estes dados (para além "do" cabo série) e as portas de computador a que se ligam são normalmente referidos com um nome mais específico, para reduzir a confusão. Os cabos e portas do teclado e do rato são quase invariavelmente de série - como a porta PS/2, Apple Desktop Bus e USB. Os cabos que transportam vídeo digital são quase invariavelmente de série - como o cabo coaxial ligado a uma porta HD-SDI, uma webcam ligada a uma porta USB ou firewire, um cabo Ethernet que liga uma câmara IP a uma porta Power over Ethernet, FPD-Link, etc. Outros cabos e portas deste tipo, que transmitem dados um bit de cada vez, incluem o Serial ATA, o Serial SCSI, o cabo Ethernet ligado a portas Ethernet, o Display Data Channel que utiliza pinos previamente reservados do conetor VGA ou da porta DVI ou da porta HDMI. Uma ligação paralela transmite vários fluxos de dados em simultâneo ao longo de vários canais (por exemplo, fios, circuitos impressos ou fibras ópticas), ao passo que uma ligação em série transmite apenas um único fluxo de dados. Embora uma ligação em série possa parecer inferior a uma ligação paralela, uma vez que pode transmitir menos dados por ciclo de relógio, é frequente que as ligações em série possam ser sincronizadas consideravelmente mais depressa do que as ligações paralelas, de modo a obter um débito de dados mais elevado. Vários factores permitem que as ligações em série tenham um débito mais elevado. As ligações de comunicação através das quais os computadores - ou partes de computadores - falam uns com os outros podem ser seriais ou paralelas. Uma ligação paralela transmite vários fluxos de dados em simultâneo ao longo de múltiplos canais (por exemplo, fios, circuitos impressos ou fibras ópticas), enquanto que uma ligação em série transmite apenas um único fluxo de dados. Embora uma ligação em série possa parecer inferior a uma ligação paralela, uma vez que pode transmitir menos dados por ciclo de relógio, é frequente que as ligações em série possam ser sincronizadas consideravelmente mais depressa do que as ligações paralelas, de modo a obter um débito de dados mais elevado. Vários factores permitem que as ligações em série tenham uma velocidade de relógio superior.

1.4 Porta de série

Em informática, uma porta série é uma interface de comunicação série através da qual a informação é transferida para dentro ou para fora, um bit de cada vez (em contraste com uma porta paralela). Durante a maior parte da história dos computadores pessoais, os dados eram transferidos através de portas de série para dispositivos como modems, terminais e vários periféricos. Embora interfaces como Ethernet, FireWire e USB enviem dados como um fluxo de série, o termo "porta de série" identifica normalmente hardware mais ou menos compatível com a norma RS-232, destinado a fazer interface com um modem ou com um dispositivo de comunicação semelhante. Os computadores modernos sem portas série podem necessitar de conversores série-USB para permitir a compatibilidade com dispositivos série RS-232. As portas série continuam a ser utilizadas em aplicações como sistemas de automação industrial, instrumentos científicos, sistemas de ponto de venda e alguns produtos industriais e de consumo. Os computadores servidores podem utilizar uma porta série como consola de controlo para diagnóstico. O equipamento de rede (como routers e switches) utiliza frequentemente uma consola de série para configuração. As portas série continuam a ser utilizadas nestas áreas porque são simples, baratas e as suas funções de consola são altamente normalizadas e generalizadas, como mostra a Figura 1. Uma porta série requer muito pouco software de apoio do sistema anfitrião.

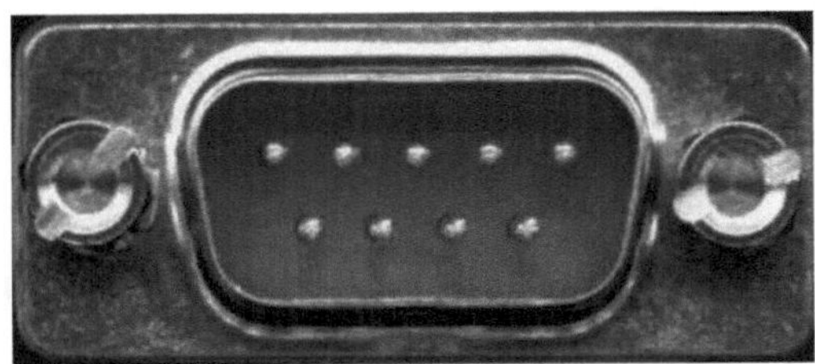

Figura 1 Porta série

Alguns computadores, como o IBM PC, utilizam um circuito integrado chamado UART. Este circuito integrado converte caracteres de e para a forma de série assíncrona, implementando a temporização e o enquadramento dos dados em hardware. Os sistemas de muito baixo custo, como alguns dos primeiros computadores domésticos, utilizavam a CPU para enviar os dados através de um pino de saída, utilizando a técnica de bit-banging. Antes de os circuitos integrados UART de integração em grande escala (LSI) serem comuns, um minicomputador ou microcomputador tinha uma porta série feita de vários circuitos integrados de pequena escala para implementar registos de deslocamento, portas lógicas, contadores e toda a outra lógica para uma porta série. Os primeiros computadores domésticos tinham frequentemente portas série proprietárias com pinagens e níveis de tensão incompatíveis com o RS-232. A interoperação com dispositivos RS-232 pode ser impossível, uma vez que a porta série não consegue suportar os níveis de tensão produzidos e pode ter outras diferenças que "prendem" o utilizador a produtos de um determinado fabricante. Atualmente, os processadores de baixo custo permitem que normas de comunicação série de maior velocidade, mas mais complexas, como a USB e a FireWire, substituam a RS-232. Estas permitem ligar dispositivos que não teriam funcionado de forma viável através de ligações em série mais lentas, como dispositivos de armazenamento em massa, de som e de vídeo. Muitas placas-mãe de computadores pessoais continuam a ter pelo menos uma porta série, mesmo que acessível apenas através de um conetor de pinos. Os sistemas de pequeno formato e os computadores portáteis podem omitir as portas de ligação RS-232 para poupar espaço, mas os componentes electrónicos continuam lá. A norma RS-232 é utilizada há tanto tempo que os circuitos necessários para controlar uma porta série se tornaram muito baratos e existem frequentemente num único chip, por vezes também com circuitos para uma porta paralela. Os sinais individuais numa porta série são unidireccionais e, ao ligar dois dispositivos, as saídas de um dispositivo devem ser ligadas às entradas do outro. Os dispositivos estão divididos em duas categorias: equipamento terminal de dados (DTE) e equipamento terminal de circuitos de dados

(DCE). Uma linha que é uma saída num dispositivo DTE é uma entrada num dispositivo DCE e vice-versa, pelo que um dispositivo DCE pode ser ligado a um dispositivo DTE através de um cabo com fios rectos. Convencionalmente, os computadores e os terminais são DTE, enquanto os modems e os periféricos são DCE. Se for necessário ligar dois dispositivos DTE (ou dois dispositivos DCE, mas isso é mais invulgar), deve ser utilizado um modem nulo cruzado, sob a forma de um adaptador ou de um cabo. Em geral, os conectores das portas série são de género, permitindo apenas que os conectores se liguem a um conetor do género oposto. Com os conectores D-subminiatura, os conectores macho têm pinos salientes e os conectores fêmea têm tomadas redondas correspondentes. Qualquer um dos tipos de conetor pode ser montado no equipamento ou num painel; ou terminar um cabo. Os conectores montados no DTE são provavelmente do tipo macho e os montados no DCE são provavelmente do tipo fêmea (sendo os conectores do cabo o oposto). No entanto, isto está longe de ser universal; por exemplo, a maioria das impressoras em série tem um conetor DB25 fêmea, mas são DTEs. Embora a norma RS-232 especificasse originalmente um conetor tipo D de 25 pinos, muitos projectistas de computadores pessoais optaram por implementar apenas um subconjunto da norma completa: trocaram a compatibilidade com a norma pela utilização de conectores menos dispendiosos e mais compactos (em particular a versão DE-9 utilizada pelo IBM PC-AT original). O desejo de fornecer placas de interface série com duas portas exigiu que a IBM reduzisse o tamanho do conetor para caber num painel traseiro de uma única placa. Um conetor DE-9 também se adapta a uma placa com um segundo conetor DB-25. A partir da altura da introdução do IBM PC-AT, as portas série foram normalmente construídas com um conetor de 9 pinos para poupar custos e espaço. No entanto, a presença de um conetor D-subminiatura de 9 pinos não é suficiente para indicar que a ligação é de facto uma porta série, uma vez que este conetor também é utilizado para vídeo, joysticks e outros fins.

São necessárias muitas definições para as ligações em série utilizadas para comunicação assíncrona start-stop, para selecionar a velocidade, o número de bits de dados por carácter, a paridade e o número de bits de paragem por carácter. Nas portas série modernas que utilizam um circuito integrado UART, todas as definições são normalmente controladas por software; o hardware dos anos 80 e anteriores pode exigir a definição de interruptores ou jumpers numa placa de circuitos. Uma das simplificações feitas em normas de barramento série como Ethernet, FireWire e USB é que muitos desses parâmetros têm valores fixos, pelo que os utilizadores não podem nem precisam de alterar a configuração; a velocidade é fixa ou negociada automaticamente. Muitas vezes, se as definições forem introduzidas incorretamente, a ligação não será interrompida; no entanto, quaisquer dados enviados serão recebidos na outra extremidade como não fazendo sentido.

1.4.1 Velocidade

As portas série utilizam sinalização de dois níveis (binária), pelo que a taxa de dados em bits por segundo é igual à taxa de símbolos em baud. Uma série padrão de taxas baseia-se em múltiplos das taxas para teleimpressoras electromecânicas; algumas portas série permitem a seleção de muitas taxas arbitrárias. A velocidade da porta e a velocidade do dispositivo devem corresponder. A capacidade de definir um débito de bits não implica que a ligação funcione. Nem todas as taxas de bits são possíveis com todas as portas seriais. Alguns protocolos para fins especiais, como o MIDI para controlo de instrumentos musicais, utilizam taxas de dados em série diferentes das da série teleprinter. Alguns sistemas de portas série podem detetar automaticamente a taxa de bits. A velocidade inclui bits para enquadramento (bits de paragem, paridade, etc.), pelo que a taxa de dados efectiva é inferior à taxa de transmissão de bits. Por exemplo, com o enquadramento de caracteres 8-N-1, apenas 80% dos bits estão disponíveis para dados (por cada oito bits de dados, são enviados mais dois bits de enquadramento). As taxas de bits normalmente suportadas incluem 75, 110, 300, 1200, 2400, 4800, 9600, 19200, 38400, 57600 e 115200 bit/s.[17] Os osciladores de cristal com uma frequência de 1,843200 MHz são vendidos especificamente para este fim. Isto é 16 vezes a taxa de bits mais rápida e o circuito da porta de série pode facilmente dividi-la para frequências mais baixas, conforme necessário.

1.4.2 Bits de dados

O número de bits de dados em cada carácter pode ser 5 (para o código Baudot), 6 (raramente utilizado), 7 (para o verdadeiro ASCII), 8 (para a maioria dos tipos de dados, uma vez que este tamanho corresponde ao tamanho de um byte) ou 9 (raramente utilizado). Os 8 bits de dados são quase universalmente utilizados nas aplicações mais recentes. 5 ou 7 bits geralmente só fazem sentido em equipamentos mais antigos, como teleimpressoras. A maioria dos projectos de comunicações em série envia primeiro os bits de dados dentro de cada byte LSB (Least Significant Bit - bit menos significativo). Esta norma é também designada por "little endian". Também é possível, mas raramente utilizada, a norma "big endian" ou MSB (bit mais significativo) nas comunicações em série; esta norma era utilizada, por exemplo, pelo terminal de impressão IBM 2741. (Ver Numeração de bits para mais informações sobre a ordenação de bits.) A ordem dos bits não é normalmente configurável na interface da porta série. Para comunicar com sistemas que requerem uma ordenação de bits diferente da predefinida localmente, o software local pode reordenar os bits dentro de cada byte imediatamente antes do envio e imediatamente após a receção.

1.4.3 Paridade

A paridade é um método de deteção de erros na transmissão. Quando a paridade é utilizada com uma porta série, é enviado um bit de dados extra com cada carácter de dados, organizado de modo a que o número de bits 1 em cada carácter, incluindo o bit de paridade, seja sempre par ou ímpar. Se um byte for recebido com o número errado de 1s, então deve ter sido corrompido. No entanto, um número par de erros pode passar o controlo de paridade.

As teleimpressoras electromecânicas estavam preparadas para imprimir um carácter especial quando os dados recebidos continham um erro de paridade, para permitir a deteção de mensagens danificadas pelo ruído da linha. Um único bit de paridade não permite a implementação da correção de erros em cada carácter, e os protocolos de comunicação que funcionam através de ligações de dados em série terão mecanismos de nível superior para garantir a validade dos dados e solicitar a retransmissão de dados que tenham sido incorretamente recebidos.

O bit de paridade em cada carácter pode ser definido como nenhum (N), ímpar (O), par (E), marca (M) ou espaço (S). Nenhum significa que não é enviado qualquer bit de paridade. Paridade de marca significa que o bit de paridade é sempre definido para a condição de sinal de marca (1 lógico) e, da mesma forma, a paridade de espaço envia sempre o bit de paridade na condição de sinal de espaço. Para além das aplicações pouco comuns que utilizam o 9º bit (paridade) para alguma forma de endereçamento ou sinalização especial, a paridade de marca ou de espaço é pouco comum, uma vez que não acrescenta qualquer informação de deteção de erros. A paridade ímpar é mais útil do que a par, uma vez que assegura que ocorre pelo menos uma transição de estado em cada carácter, o que a torna mais fiável. No entanto, a definição de paridade mais comum é "nenhuma", sendo a deteção de erros efectuada por um protocolo de comunicação.

1.4.4 Bits de paragem

Os bits de paragem enviados no final de cada carácter permitem que o hardware de receção do sinal detecte o fim de um carácter e volte a sincronizar-se com o fluxo de caracteres. Os dispositivos electrónicos utilizam normalmente um bit de paragem. Se forem utilizadas teleimpressoras electromecânicas lentas, é necessário um bit e meio ou dois bits de paragem.

1.4.5 Controlo do fluxo

Uma porta série pode utilizar sinais na interface para fazer uma pausa e retomar a transmissão de dados. Por exemplo, uma impressora lenta pode precisar de fazer um aperto de mão com a porta série para indicar que os dados devem ser colocados em pausa enquanto o mecanismo avança uma linha. Os sinais comuns de handshake de hardware (controlo de fluxo de hardware) utilizam os circuitos de sinal RS-232 RTS/CTS ou DTR/DSR. Geralmente, o RTS e o CTS são desligados e ligados a partir de extremidades alternadas para controlar o fluxo de dados, por exemplo, quando um buffer está quase cheio. O DTR e o DSR estão normalmente sempre ligados e, de acordo com a norma RS-232 e as suas sucessoras, são utilizados para sinalizar de cada extremidade que o outro equipamento está efetivamente presente e ligado. No entanto, ao longo dos anos, os fabricantes construíram muitos dispositivos que implementaram variações não normalizadas da norma, por exemplo, impressoras que utilizam DTR como controlo de fluxo.

Outro método de controlo do fluxo (controlo do fluxo de software) utiliza caracteres especiais, como XON/XOFF, para controlar o fluxo de dados. Os caracteres XON/XOFF são enviados pelo recetor para o emissor para controlar quando o emissor enviará dados, ou seja, estes caracteres vão na direção oposta à dos dados que estão a ser enviados. O circuito inicia-se no estado "envio permitido". Quando os buffers do recetor se aproximam da capacidade, o recetor envia o carácter XOFF para dizer ao emissor para parar de enviar dados. Mais tarde, depois de o recetor ter esvaziado os seus buffers, envia um carácter XON para dizer ao remetente para retomar a transmissão. Estes caracteres não são impressos e são interpretados como sinais de aperto de mão por impressoras, terminais e sistemas informáticos.

O controlo do fluxo XON/XOFF é um exemplo de sinalização em banda, em que as informações de controlo são enviadas através do mesmo canal utilizado para os dados. O controlo de fluxo XON/XOFF apresenta dificuldades, dado que os caracteres XON e

XOFF podem aparecer nos dados enviados e os receptores podem interpretá-los como controlo de fluxo. Esses caracteres, enviados como parte do fluxo de dados, devem ser codificados numa sequência de escape para evitar esta situação, e o software de receção e envio deve gerar e interpretar essas sequências de escape. Por outro lado, uma vez que não são necessários circuitos de sinalização adicionais, o controlo do fluxo XON/XOFF pode ser efectuado numa interface de 3 fios.

1.4.6 Portas seriais virtuais

Uma porta série virtual é uma emulação da porta série padrão. Esta porta é criada por software que permite portas série adicionais num sistema operativo sem instalação de hardware adicional (como placas de expansão, etc.). É possível criar um grande número de portas série virtuais num PC. A única limitação é a quantidade de recursos, como a memória operacional e a potência de computação, necessários para emular muitas portas seriais ao mesmo tempo. As portas série virtuais emulam todas as funcionalidades das portas série do hardware, incluindo a velocidade de transmissão, os bits de dados, os bits de paridade, os bits de paragem, etc. Além disso, permitem controlar o fluxo de dados, emular todas as linhas de sinal (DTR, DSR, CTS, RTS, DCD e RI) e personalizar a pinagem. As portas seriais virtuais são comuns com Bluetooth e são a forma padrão de receber dados de módulos GPS equipados com Bluetooth. A emulação de portas série virtuais pode ser útil no caso de haver falta de portas série físicas disponíveis ou de estas não satisfazerem os requisitos actuais. Por exemplo, as portas série virtuais podem partilhar dados entre várias aplicações a partir de um dispositivo GPS ligado a uma porta série. Outra opção é comunicar com quaisquer outros dispositivos série através da Internet ou LAN como se estivessem ligados localmente ao computador (tecnologia série sobre LAN/série sobre Ethernet). Dois computadores ou aplicações podem comunicar através de uma ligação de porta série emulada. Os emuladores de porta série virtual estão disponíveis para muitos sistemas operativos, incluindo MacOS, Linux e várias versões móveis e de secretária do Microsoft Windows.

Capítulo 2
Sistemas incorporados

2.1 Introdução

Um sistema incorporado é uma combinação de hardware e software, com capacidade fixa ou programável, concebido para uma função específica ou para funções específicas num sistema mais vasto. As máquinas industriais, os dispositivos agrícolas e de processamento, os automóveis, o equipamento médico, as câmaras, os electrodomésticos, os aviões, as máquinas de venda automática e os brinquedos, bem como os dispositivos móveis, são localizações possíveis para um sistema incorporado. Os sistemas incorporados são sistemas de computação, mas podem ir desde a ausência de interface com o utilizador (IU) - por exemplo, em dispositivos em que o sistema incorporado foi concebido para executar uma única tarefa - até interfaces gráficas com o utilizador (GUI) complexas, como nos dispositivos móveis. As interfaces de utilizador podem incluir botões, LEDs, sensores de ecrã táctil e outros. Alguns sistemas utilizam também interfaces de utilizador remotas.

2.2 Hardware de sistemas incorporados

Os sistemas incorporados podem ser baseados em microprocessadores ou microcontroladores. Em ambos os casos, existe um circuito integrado (CI) no centro do produto que é geralmente concebido para efetuar cálculos para operações em tempo real. Os microprocessadores são visualmente indistinguíveis dos microcontroladores, mas enquanto o microprocessador apenas implementa uma unidade central de processamento (CPU) e, por conseguinte, requer a adição de outros componentes, como pastilhas de memória, os microcontroladores são concebidos como sistemas autónomos. Os microcontroladores incluem não só uma CPU, mas também memória e periféricos, como memória flash, RAM ou portas de comunicação em série. Uma vez que os microcontroladores tendem a implementar sistemas completos (embora com uma potência computacional relativamente baixa), são frequentemente utilizados em tarefas mais complexas. Os microcontroladores são utilizados, por exemplo, no funcionamento de veículos, robôs, dispositivos médicos e electrodomésticos, entre outros. No nível mais elevado da capacidade dos microcontroladores, é frequentemente utilizado o termo "sistema numa pastilha" (SoC), embora não haja uma delimitação exacta em termos de RAM, velocidade de relógio, etc. O mercado dos sistemas incorporados foi estimado em mais de 140 mil milhões de dólares em 2013, com muitos analistas a projectarem um mercado superior a 20 mil milhões de dólares até 2020. Os fabricantes de circuitos integrados para sistemas incorporados incluem muitos dos pilares do mundo informático, como a Apple, a IBM, a Intel e a Texas Instruments, mas também muitas outras empresas que são menos familiares para quem não está neste domínio. Um fornecedor muito influente neste sector tem sido a ARM, que começou por ser uma consequência da Acorn, um fabricante britânico dos primeiros PC. A arquitetura baseada em RISC do chip ARM, produzida sob licença por outras empresas, tem sido amplamente utilizada em telemóveis e PDA e continua a ser o SoC mais utilizado no mundo incorporado, com milhares de milhões de unidades colocadas no mercado.

2.3 Software de sistemas incorporados

Um microcontrolador industrial típico é muito pouco sofisticado em comparação com um computador de secretária empresarial típico e depende geralmente de um ambiente de programação mais simples e com menos memória. Os dispositivos mais simples funcionam em bare metal e são programados diretamente utilizando a linguagem de código de máquina da CPU do chip. No entanto, é frequente os sistemas incorporados utilizarem sistemas operativos ou plataformas linguísticas adaptadas à utilização incorporada, em especial quando é necessário servir ambientes operativos em tempo real. A níveis mais elevados de capacidade das pastilhas, como os que se encontram nos SoC, os projectistas decidiram cada vez mais que os sistemas são, em geral, suficientemente rápidos e as tarefas tolerantes a ligeiras variações no tempo de reação para que as abordagens "quase em tempo real" sejam adequadas. Nestes casos, são normalmente utilizadas versões reduzidas do sistema operativo Linux, embora existam também outros sistemas operativos que foram reduzidos para funcionarem em sistemas incorporados, incluindo o Java incorporado e o Windows IoT (anteriormente Windows Embedded). Em geral, o armazenamento de programas e sistemas operativos em dispositivos incorporados utiliza memória flash ou memória flash regravável.

2.4 Depuração de sistemas incorporados

Uma área em que os sistemas embebidos se separam dos sistemas operativos e ambientes de desenvolvimento de outros computadores de maior escala é a área da depuração. Enquanto os programadores que trabalham em ambientes de computadores de secretária dispõem de sistemas que podem executar tanto o código que está a ser desenvolvido como aplicações de depuração separadas que monitorizam as acções do código de desenvolvimento à medida que este é executado, os programadores de sistemas incorporados não têm geralmente esses luxos. Algumas linguagens de programação são executadas em microcontroladores com eficiência suficiente para que a depuração interactiva rudimentar esteja disponível diretamente no chip. Além disso, os processadores têm frequentemente depuradores de CPU que podem ser controlados e, assim, controlar a execução do programa através de uma porta JTAG ou de uma porta de depuração semelhante. No entanto, em muitos casos, os programadores de sistemas incorporados necessitam de ferramentas que liguem um sistema de depuração separado ao sistema alvo através de uma porta série ou outra. Neste cenário, o programador pode ver o código-fonte no ecrã de um computador pessoal convencional, tal como aconteceria na depuração de software num computador de secretária. Uma abordagem separada, frequentemente utilizada, consiste em executar software num PC que emula o chip físico em software, tornando assim possível depurar o desempenho do software como se estivesse a ser executado num chip físico real.

Em termos gerais, os sistemas incorporados têm merecido mais atenção no que respeita a testes e depuração, porque um grande número de dispositivos que utilizam controlos incorporados são concebidos para utilização em situações em que a segurança e a fiabilidade são as principais prioridades. Embora alguns sistemas incorporados possam ser relativamente simples, há um número crescente que suplanta a tomada de decisões pelo ser humano ou oferece capacidades que vão para além das que um ser humano poderia oferecer. Por exemplo, alguns sistemas de aviação, incluindo os utilizados em drones, são capazes de integrar dados de sensores e atuar sobre essa informação mais rapidamente do que um ser humano poderia fazer, permitindo novos tipos de funcionalidades operacionais.

2.5 Consumo de energia em sistemas incorporados

O número de máquinas construídas com base em sistemas incorporados (ES) que estão atualmente a ser utilizadas nos lares e na indústria está a aumentar rapidamente todos os anos. Por conseguinte, a quantidade de energia necessária para o seu funcionamento também está a aumentar. Para além da energia consumida pelos processadores ou controladores incorporados, os dispositivos periféricos utilizados nos sistemas incorporados podem aumentar o consumo de energia do sistema. A redução de uma quantidade muito pequena de consumo de energia nos processadores ou controladores centrais, nos periféricos e nas interfaces de comunicação pode aumentar consideravelmente o tempo de vida da carga armazenada nos sistemas incorporados alimentados por bateria. Por vezes, o consumo de energia para a comunicação entre o processador (ou) controlador central e os dispositivos periféricos pode ser superior à energia necessária para o funcionamento do periférico. Assim, a análise do consumo de energia das interfaces digitais em série (como SPI e I2C) pode dar informações claras aos engenheiros para seleccionarem uma das interfaces com base nas aplicações. A realização deste tipo de análise recorrendo a ferramentas de simulação de software em vez de hardware reduz o tempo necessário para efetuar as ligações físicas, permite efetuar facilmente quaisquer alterações no hardware virtual ou no software (código) e evita os custos necessários para obter todo o hardware necessário. É efectuada uma análise deste tipo para medir e comparar a energia consumida (energia de hardware, não o consumo de energia do código de software) por ambas as interfaces digitais em série (SPI e I2C).

3.1 Introdução

O SPI é um protocolo de comunicação em série síncrona que funciona em full duplex. A comunicação SPI pode ter um único mestre e vários escravos, como mostra a Fig. 1. Tem quatro linhas para efetuar a comunicação entre o processador central e os periféricos. São elas: SCLK - linha de relógio, MOSI - entrada de escravo de saída de mestre, MISO - saída de escravo de entrada de mestre e CS - linhas de seleção de chip (ou de seleção de escravo). O mestre puxa para baixo a linha de seleção de chip do escravo com o qual pretende comunicar. A comunicação SPI não tem quaisquer esquemas de endereçamento ou reconhecimento.

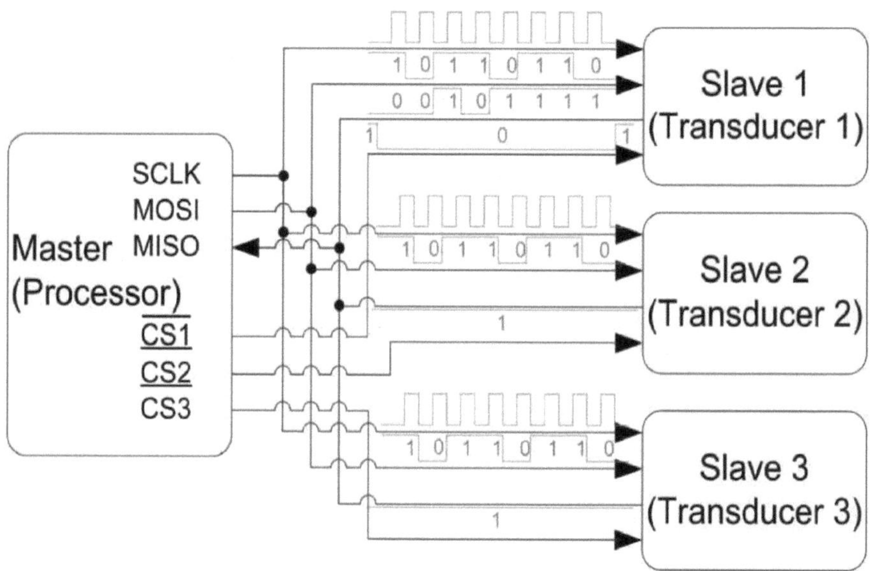

Fig.1 Interface de comunicação SPI e formato dos dados.

O barramento de Interface Periférica de Série (SPI) é uma especificação de interface de comunicação de série síncrona utilizada para comunicações de curta distância, principalmente em sistemas incorporados. A interface foi desenvolvida pela Motorola no final dos anos 80 e tornou-se uma norma de facto. As aplicações típicas incluem cartões Secure Digital e ecrãs de cristais líquidos. Os dispositivos SPI comunicam em modo full duplex utilizando uma arquitetura mestre-escravo com um único mestre. O dispositivo mestre origina o quadro para leitura e escrita. São suportados vários dispositivos escravos através da seleção com linhas individuais de seleção de escravos (SS). Por vezes, o SPI é designado por barramento série de quatro fios, em contraste com os barramentos série de três, dois e um fio. O SPI pode ser descrito com exatidão como uma interface série síncrona. Mas é diferente do protocolo Synchronous Serial Interface (SSI), que é também um protocolo de comunicação série síncrona de quatro fios. Mas o protocolo SSI emprega sinalização diferencial e fornece apenas um único canal de comunicação simplex.

3.2 Especificações do BUS

O barramento SPI especifica cinco sinais lógicos:

SCLK: Relógio de série (saída do mestre).

MOSI: Master Output Slave Input, ou Master Out Slave In (saída de dados do mestre).

MISO: Master Input Slave Output, ou Master In Slave Out (saída de dados do escravo).

SDIO: E/S de dados de série (E/S bidirecional)

SS: Seleção de escravo (frequentemente ativo baixo, saída do mestre).

Embora os nomes dos pinos acima sejam os mais populares, no passado foram por vezes utilizadas convenções alternativas de nomeação de pinos, pelo que os nomes dos pinos da porta SPI para produtos IC mais antigos podem ser diferentes dos apresentados nestas ilustrações:

Relógio de série:

SCLK: SCK.

Saída principal \Seta direita Entrada escrava:

MOSI: SIMO, SDI, DI, DIN, SI, MTSR.

Entrada principal \Saída Escravo:

MISO: SOMI, SDO, DO, DOUT, SO, MRST.

E/S de dados de série (bidirecional):

SDIO: SIO

Seleção de escravo:

SS: SS , SSEL , CS , CS , CE , nSS , /SS , SS#.

A convenção MOSI/MISO exige que, nos dispositivos que utilizam os nomes alternativos, SDI no mestre seja ligado a SDO no escravo e vice-versa. A Seleção de Escravo é a mesma funcionalidade que a seleção de chip e é utilizada em vez de um conceito de endereçamento. Os nomes dos pinos estão sempre em maiúsculas, como em Slave Select, Serial Clock e Master Output Slave Input.

O barramento SPI pode funcionar com um único dispositivo mestre e com um ou mais dispositivos escravos. Se for utilizado um único dispositivo escravo, o pino SS pode ser fixado em lógico baixo se o escravo o permitir. Alguns escravos requerem uma borda descendente do sinal de seleção de chip para iniciar uma ação. Um exemplo é o ADC Maxim MAX1242 , que inicia a conversão numa transição alto → baixo. Com múltiplos dispositivos escravos, é necessário um sinal SS independente do mestre para cada dispositivo escravo. A maioria dos dispositivos escravos tem saídas de estado triplo, pelo que o seu sinal MISO se torna de alta impedância (logicamente desligado) quando o dispositivo não está selecionado. Os dispositivos sem saídas tri-state não podem partilhar segmentos de bus SPI com outros dispositivos; apenas um desses escravos pode falar com o master.

3.3 Configuração independente de escravos

Na configuração de escravo independente, há uma linha de seleção de chip independente para cada escravo. Um resistor de pull-up entre a fonte de alimentação e a linha de seleção de chip é altamente recomendado para cada dispositivo independente para reduzir a diafonia entre os dispositivos[3]. Esta é a forma como o SPI é normalmente usado. Uma vez que os pinos MISO dos escravos estão ligados entre si, é necessário que sejam pinos tristate (alta, baixa ou alta impedância).

3.3.1 Configuração em cadeia

Alguns produtos que implementam SPI podem ser ligados numa configuração em cadeia, sendo a saída do primeiro escravo ligada à entrada do segundo escravo, etc. A porta SPI de cada slave é concebida para enviar, durante o segundo grupo de impulsos de relógio, uma cópia exacta dos dados que recebeu durante o primeiro grupo de impulsos de relógio. Toda a cadeia funciona como um registo de mudança de comunicação; é frequente fazer-se uma ligação em cadeia com registos de mudança para fornecer um banco de entradas ou saídas através de SPI. Esta funcionalidade requer apenas uma única linha SS do mestre, em vez de uma linha SS separada para cada escravo. As aplicações que requerem uma configuração em cadeia incluem SGPIO e JTAG.

3.3.2 Comunicações válidas

Alguns dispositivos escravos são concebidos para ignorar quaisquer comunicações SPI em que o número de impulsos de relógio seja superior ao especificado. Outros não se importam, ignorando entradas extras e continuando a deslocar o mesmo bit de saída. É comum que diferentes dispositivos utilizem comunicações SPI com comprimentos diferentes, como, por exemplo, quando a SPI é utilizada para aceder à cadeia de varrimento de um CI digital, emitindo uma palavra de comando de um tamanho (talvez 32 bits) e obtendo depois uma resposta de um tamanho diferente (talvez 153 bits, um para cada pino dessa cadeia de varrimento).

3.3.4 Interrupções

Os dispositivos SPI utilizam por vezes outra linha de sinal para enviar um sinal de interrupção a uma CPU anfitriã. Os exemplos incluem interrupções de pen-down de sensores de ecrã tátil, alertas de limites térmicos de sensores de temperatura, alarmes emitidos por chips de relógio em tempo real, SDIO e inserções de tomadas de auscultadores do codec de som de um telemóvel. As interrupções não são abrangidas pela norma SPI; a sua utilização não é proibida nem especificada pela norma.

3.4 Vantagens

- Comunicação full duplex na versão predefinida deste protocolo.
- Os controladores push-pull (em oposição ao dreno aberto) proporcionam uma boa integridade do sinal e alta velocidade
- Débito superior ao de I^2C ou SMBus
- Flexibilidade total do protocolo para os bits transferidos
- Não limitado a palavras de 8 bits
- Escolha arbitrária do tamanho, conteúdo e objetivo da mensagem
- Interface de hardware extremamente simples

- Requisitos de energia tipicamente mais baixos do que I^2 C ou SMBus devido a menos circuitos (incluindo resistências pull up)
- Sem arbitragem ou modos de falha associados
- Os escravos utilizam o relógio do mestre e não precisam de osciladores de precisão
- Os escravos não precisam de um endereço único - ao contrário do FC, GPIB ou SCSI
- Não são necessários transceptores
- Utiliza apenas quatro pinos nos pacotes de circuitos integrados e fios nas disposições das placas ou conectores, muito menos do que as interfaces paralelas
- No máximo, um sinal de barramento único por dispositivo (seleção de chip); todos os outros são partilhados
- Os sinais são unidireccionais, permitindo um fácil isolamento galvânico
- Não está limitado a qualquer velocidade máxima de relógio, permitindo velocidades potencialmente elevadas
- Implementação simples de software

3.5 Desvantagens

- Requer mais pinos nos pacotes IC do que FC, mesmo na variante de três fios

- Sem endereçamento em banda; são necessários sinais de seleção de chip fora de banda em barramentos partilhados

- Sem controlo de fluxo por hardware por parte do slave (mas o master pode atrasar o próximo bordo de relógio para abrandar a taxa de transferência)

- Não há reconhecimento do escravo por hardware (o mestre pode estar a transmitir para lado nenhum e não o saber)

- Normalmente, suporta apenas um dispositivo mestre (depende da implementação do hardware do dispositivo)

- Não está definido nenhum protocolo de controlo de erros

- Sem uma norma formal, não é possível validar a conformidade

- Apenas suporta distâncias curtas em comparação com RS-232, RS-485 ou CANbus. (a sua distância pode ser alargada com a utilização de transceptores como o RS422)

- Muitas variações existentes, o que torna difícil encontrar ferramentas de desenvolvimento, como adaptadores de anfitrião, que suportem essas variações

- A SPI não suporta hot swapping (adição dinâmica de nós).

- As interrupções têm de ser implementadas com sinais fora de banda ou ser falsificadas através da utilização de sondagens periódicas, à semelhança do que acontece com o USB 1.1 e 2.0

- Algumas variantes, como o Multi I/O SPI e os barramentos série de três fios definidos abaixo, são half-duplex.

Capítulo 4

I^2 C(Circuito Inter-integrado)

4.1 Introdução

I^2 C, pronunciado I-squared-C ou I-two-C, é um barramento de computador em série, multi-mestre, multiescravo, com comutação de pacotes , de extremidade única, inventado pela Philips Semiconductor (atualmente NXP Semiconductors). É normalmente utilizado para ligar circuitos integrados periféricos de baixa velocidade a processadores e microcontroladores em comunicações intra-placa de curta distância. Em alternativa, FC é soletrado I2C (pronuncia-se I-two-C) ou IIC (pronuncia-se I-I- C). Desde 10 de outubro de 2006, não são necessárias taxas de licenciamento para implementar o protocolo FC. No entanto, continuam a ser necessárias taxas para obter vestidos FC slave ad atribuídos pela NXP.

4.2 Interfaces

Vários concorrentes, como a Siemens AG (mais tarde Infineon Technologies AG, atualmente Intel mobile communications), NEC, Texas Instruments, STMicroelectronics (anteriormente SGS-Thomson), Motorola (mais tarde Freescale, agora fundida com a NXP[2]), Nordic Semiconductor e Intersil, introduziram no mercado produtos FC compatíveis desde meados da década de 1990. Um dos objectivos do SMBus é promover a robustez e a interoperabilidade. Assim, os sistemas FC modernos incorporam algumas políticas e regras do SMBus, por vezes suportando tanto FC como SMBus, exigindo apenas uma reconfiguração mínima, quer por comando quer por utilização de pinos de saída. Como mostra a Fig.2, a interface I2C tem duas linhas (SCLK - linha de relógio, SDA - linha de dados) para a sua comunicação, que são puxadas para cima por resistências Rp.

Na comunicação I2C, podem ser suportados vários mestres e vários escravos. Uma vez que pode ter vários mestres, um dos escravos será selecionado com base nos esquemas de endereçamento e de confirmação. O formato dos dados tem bits de confirmação, bits de leitura/escrita e bits de início e de paragem para indicar o início e o fim da comunicação com o escravo. Em primeiro lugar, o endereço do escravo é enviado na linha SDA, seguido do bit de início. O escravo que tiver o mesmo endereço enviará um aviso de receção ao mestre, depois serão enviados os dados, o escravo enviará um aviso de receção dos dados e assim sucessivamente. Este processo continua até ao fim da comunicação.

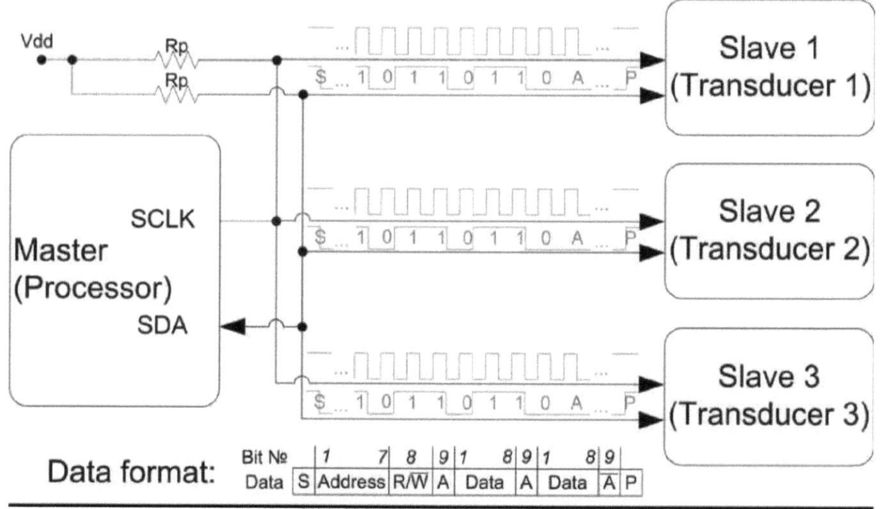

Fig.2 I^2 C interface e formato de dados.

4.3 Aplicações

I^2 C é adequado para periféricos em que a simplicidade e o baixo custo de fabrico são mais importantes do que a velocidade. As aplicações comuns do barramento FC são:

Leitura de dados de configuração de EEPROMs SPD em cartões de memória SDRAM, DDR SDRAM, DDR2 SDRAM (DIMM) e outras placas de PC empilhadas. Apoio à gestão de sistemas para placas PCI, através de uma ligação SMBus 2.0.

- Aceder aos chips NVRAM que guardam as definições do utilizador.

- Acesso a DACs e ADCs de baixa velocidade.

- Alterar as definições de contraste, matiz e equilíbrio de cores nos monitores (Canal de Dados de Visualização).

- Alterar o volume do som nos altifalantes inteligentes.

- Controlo de ecrãs OLED/LCD, como os de um telemóvel.

- Leitura de monitores de hardware e sensores de diagnóstico, como um termístor da CPU[carece de fontes] ou a velocidade da ventoinha.

- Leitura de relógios em tempo real.

- Ligar e desligar a fonte de alimentação dos componentes do sistema.

Um dos pontos fortes do FC é a capacidade de um microcontrolador controlar uma rede de chips de dispositivos com apenas dois pinos de E/S de uso geral e software. Muitas outras tecnologias de barramento utilizadas em aplicações semelhantes, como o barramento de interface periférica de série, exigem mais pinos e sinais para ligar dispositivos, como mostra a figura 3.

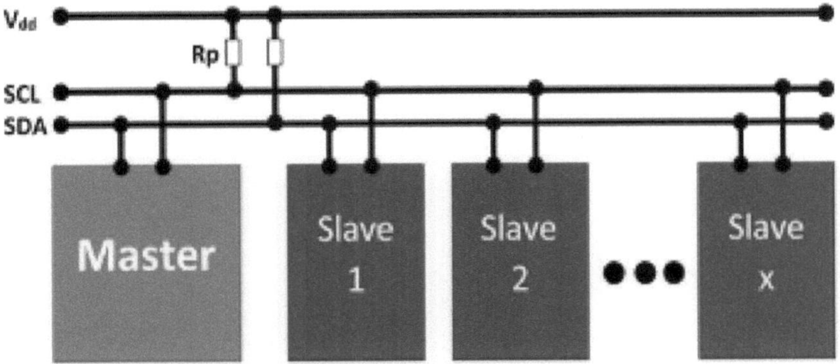

Figura 3 Arquitetura mestre-escravo

4.4 Método de derivação de corrente para medição de energia

Como se mostra na Fig.4, é inserida uma resistência de derivação na linha de alimentação (tanto na extremidade superior como na inferior). A gama da resistência de derivação é de dezenas a centenas de mQ [1] . A queda de tensão através do resistor é medida usando DAQs ou um osciloscópio para calcular a potência consumida da fonte. O consumo instantâneo de energia é calculado como $p(t) = i_s (t)u_s (t)$.

segue.

Onde us(t) - Queda de tensão instantânea através da resistência.

is(t)-Corrente instantânea que flui para a carga.

A energia total consumida da fonte primária no intervalo de tempo t1 e t2 é calculada da seguinte forma.

$$E = \int_{t_1}^{t_2} i_s(t) \cdot u_s(t) \cdot$$

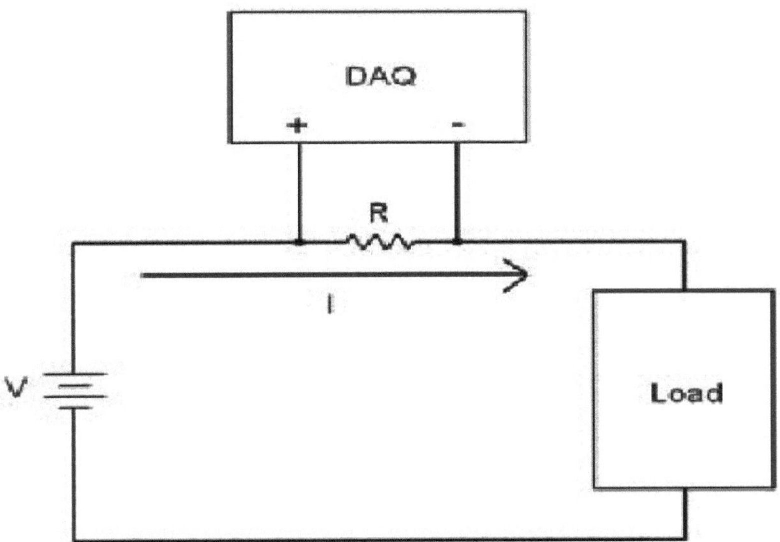

Fig.4 Método de derivação de corrente

Capítulo 5

SIMULAÇÕES E MEDIÇÕES

5.1 Transferência de dados de um byte usando SPI em PROTEUS e MPLAB

Como se mostra na Fig.5, dois microcontroladores PIC 16F877 são ligados através de linhas de interface SPI para transferir um byte de dados 0x30. O microcontrolador mestre transmite os dados e o escravo recebe os dados que foram enviados pelo mestre e apresenta os mesmos utilizando dois LED de 7 segmentos através da porta B .

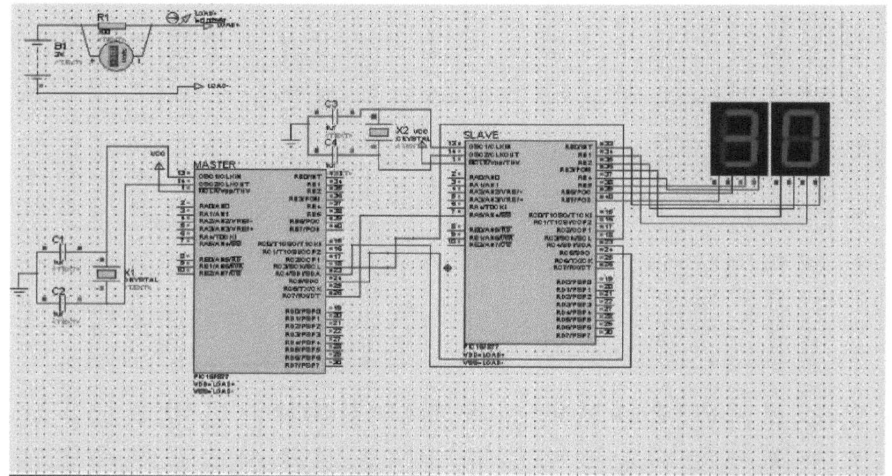

Fig.5 Esquema do Proteus VSM(ISIS) para transferência de dados de um byte

A frequência de relógio dos dois microcontroladores é selecionada como 10 kHz para transferir os dados de um byte. Os pinos de alimentação dos dois microcontroladores estão ocultos na ferramenta Proteus VSM e os pinos de alimentação ocultos VDD, VSS são forçados a ligar os pontos Carga+ e Carga-, como se mostra na Fig.5, para a medição da energia utilizando o método de derivação de corrente. A fonte de alimentação externa (3V) é ligada à carga (microcontroladores) através da resistência de derivação R1(100Q), que é selecionada dentro do intervalo explicado em[1] . Um voltímetro

32

digital é ligado através da resistência para medir a queda de tensão e uma sonda de corrente é inserida na linha para medir a corrente. O hardware virtual assim concebido funciona de acordo com os programas (código C incorporado) simulados no MPLAB IDE.

Dois ficheiros hex. São criados dois ficheiros hexadecimais no MPLAB IDE para o microcontrolador mestre e o microcontrolador escravo e importados para o Proteus VSM(ISIS) para executar a simulação no Proteus. O esquema simulado é apresentado na Fig.5. Pode observar-se que o dado de um byte 0x30 mencionado é apresentado em dois LED de 7 segmentos através da porta B do microcontrolador escravo. A queda de tensão através da resistência é de 3V e o valor da corrente na sonda de corrente é de 29,97mA, como se mostra na Fig.6.

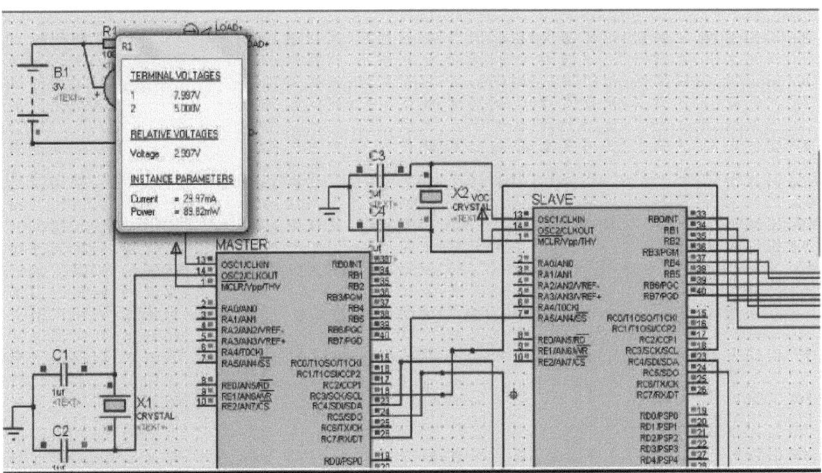

Fig.6 Parte do esquema ampliado da Fig.5 para mostrar os pormenores da queda de tensão e da corrente

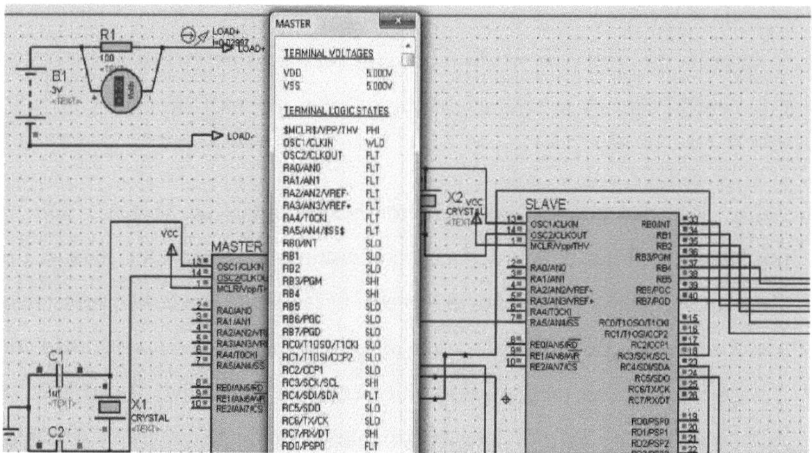

Fig.7 Parte do esquema ampliado da Fig.5 com a informação de funcionamento do Master

Como se mostra na Fig.7, as tensões terminais do Master são VDD-5.000V, VSS-5.000V durante a execução da simulação após a ativação da comunicação SPI. Sem a diferença de potencial entre VDD e VSS, o esquema funciona corretamente e a queda de tensão e a corrente não se alteram quando a comunicação SPI é desactivada. Estes problemas surgem durante a medição da energia utilizando o método de derivação de corrente. Assim, em vez de utilizar o método de derivação de corrente, como mostra a Fig.10, são utilizadas sondas de corrente em todas as linhas do barramento SPI para calcular a corrente total necessária para que a comunicação SPI transfira um byte de dados (0x30).

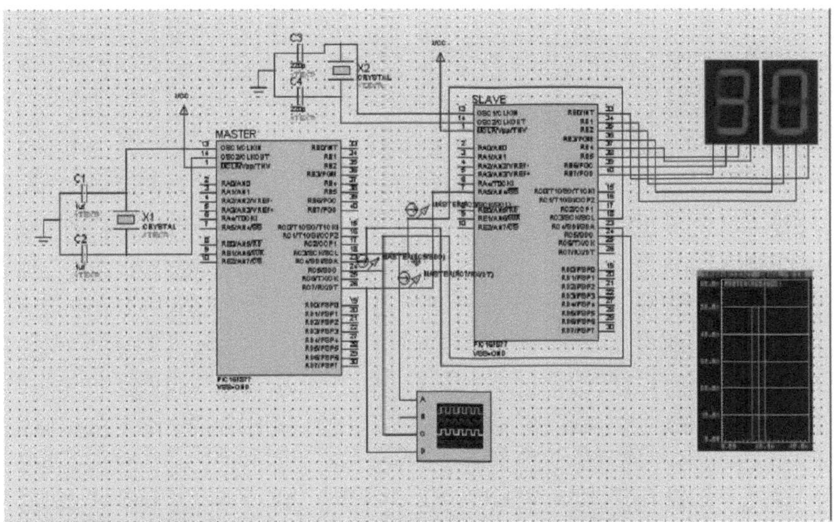

Fig.10 Esquema Proteus para transferência de dados SPI com sondas de corrente

Como se mostra na Fig.10, as sondas de corrente são inseridas em todos os pontos necessários para a comunicação SPI e é utilizado um osciloscópio digital para visualizar os sinais nas linhas de SPI, como se mostra na Fig.11. A análise transitória da corrente para a transferência de dados de um byte (0x30) é traçada para todas as sondas de corrente para calcular a corrente total para a transferência de dados SPI. Neste esquema, não está ligada qualquer fonte de alimentação externa, mas o circuito funciona corretamente com uma tensão de alimentação de 5V (implícita na ferramenta de simulação ligada a pinos ocultos)

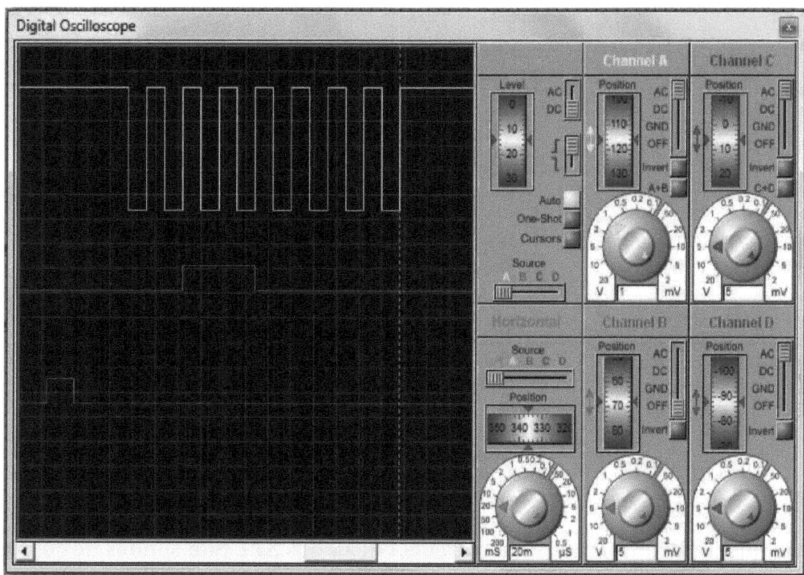

Fig.11 Osciloscópio digital Proteus VSM durante a simulação do esquema da Fig.10 (transmissão de dados-0x30)

Como se mostra na Fig.11, o sinal em todas as linhas do SPI pode ser observado utilizando um osciloscópio. O "canal A" do osciloscópio está ligado à linha de relógio (linha amarela SCK), o "canal C" está ligado ao SDO (mestre) (linha roxa) e o "canal D" está ligado à seleção de escravo (linha verde) das linhas de comunicação SPI. Na Fig.1, pode observar-se que, para um fluxo de relógio, os dados (0x30) são transmitidos na linha de dados (SDO-mestre) e a seleção de escravo é reduzida. O esquema da Fig.10 mostra claramente que os dados de um byte (0x30) são transmitidos na perfeição. As directrizes para a elaboração do esquema, para a execução das simulações e para a elaboração dos gráficos são obtidas.

5.2 Simulações no MPLAB IDE da interface SPI

A simulação do projeto criado para os microcontroladores mestre e escravo (em SPI) é apresentada na Fig.12 e na Fig.13. Tal como na Fig.12 e na Fig.13, na janela mais à esquerda é apresentado o nome do projeto criado, abaixo do qual são adicionados todos os ficheiros necessários, incluindo o ficheiro de origem. A janela central mostra o código fonte escrito em linguagem C embebida e a janela seguinte mostra a saída simulada. Uma vez terminada a simulação, os ficheiros hexadecimais dos microcontroladores mestre e escravo estão prontos para serem importados para o Proteus VSM (para o esquema da Fig.10)

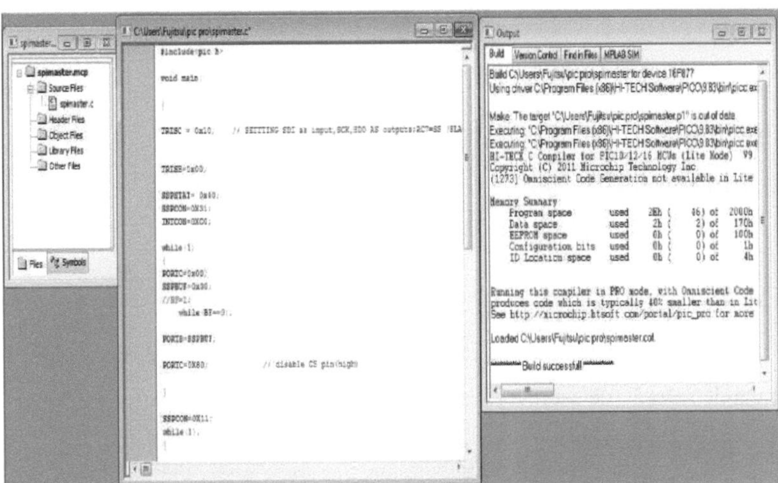

Fig. 12 Simulação do código SPI 'C' para o microcontrolador mestre

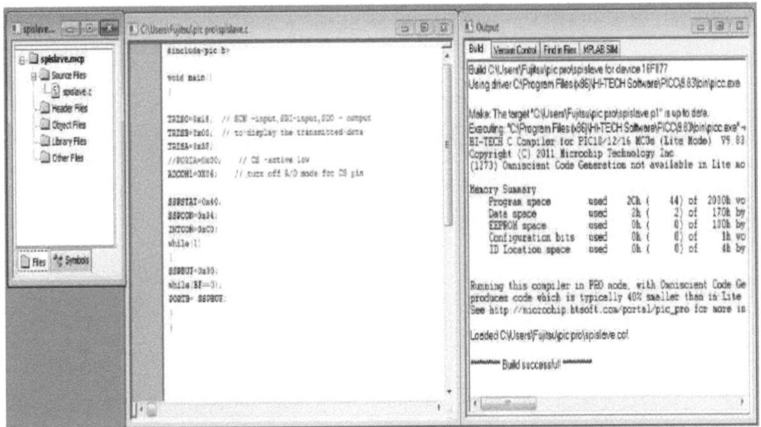

Fig.13 Simulação do código SPI 'C' para o microcontrolador escravo

5.3 Medição da energia consumida pela interface série digital SPI

Para calcular a energia, os dados de um byte (0x30) foram transmitidos apenas uma vez do mestre para o escravo. A análise de transientes das sondas de corrente é traçada para o período de tempo necessário para a transferência de dados apenas uma vez.

A energia em termos de potência é expressa da seguinte forma

$$E(t)= \int P(t).dt$$

$$E(t)= (V*I).dt = \int (V*(I1+I2+I3)).dt = V\int ((I1+I2+I3)).dt$$
$$=V(\int I1.dt + \int I2.dt + \int I3.dt)$$

Em que V - Fonte de tensão (5 V)

I1, I2 e I3 são as correntes nas linhas de comunicação SPI - linha de relógio (SCK), SDO e linha de seleção de escravo, respetivamente.

5.4 Análise de transientes

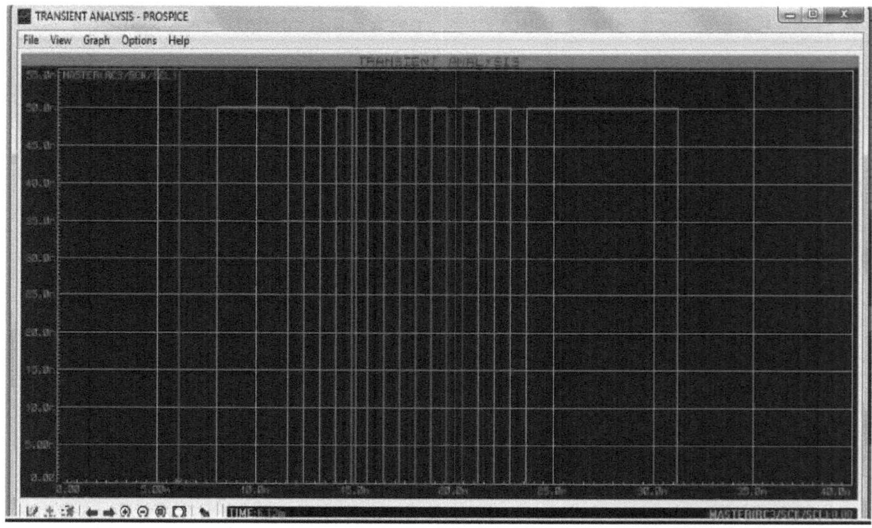

Fig. 14 Análise transitória da corrente na linha de relógio SCK

Como mostrado na Fig.14, o sinal de relógio existe até 31,2ms. De 0 a 31.2ms, o valor de

$\int I1.dt=(3.6ms*50nA)+ 7*(0.8ms*50nA)+7.6ms*50nA = =0.84\ nA$ ------(1)

Fig.15 Análise transitória da corrente na linha SDO

Como mostra a Fig.15, de 0 a 31,2ms, o valor $offl2.dt=3,2ms*50nA=0,16nA$ (2)

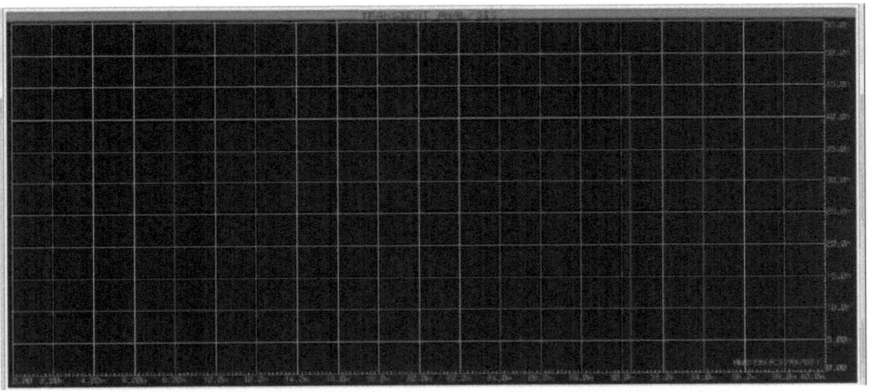

Fig.16 Análise transitória da corrente na linha Slave Select

Como mostra a Fig.16, de 0 a 31,2ms, o valor de $13.dt=0,8ms*50nA=0,04nA$---(3)

$16.5ms*50nA=8.25(-10)=0.825nA$----------- (4)(SDI line)

Adding (1),(2) and (3),$\int$I1.dt+$\int$I2.dt+$\int$I3.dt

=0.84nA+0.16nA+0.04nA=1.04nA+0.825nA=1.865nA

A energia consumida na transferência de dados de um byte utilizando a interface de comunicação SPI é

$$E(t)=\int (V^*I).dt =\int (V^*(I1+I2+I3)).dt =V\int ((I1+I2+I3)).dt$$

Onde V=5v, substituindo o valor de V,E(t)=5*1,865nA =9,325nJ

5.5 Transferência de dados de um byte usando I2C em PROTEUS e MPLAB

Como se mostra na Fig.12, dois microcontroladores PIC 16F877 são ligados através de linhas de interface I2C para transferir um byte de dados 0x30. O microcontrolador mestre transmite os dados e o escravo recebe os dados que foram enviados pelo mestre e apresenta os mesmos utilizando dois LED de 7 segmentos através da porta B.

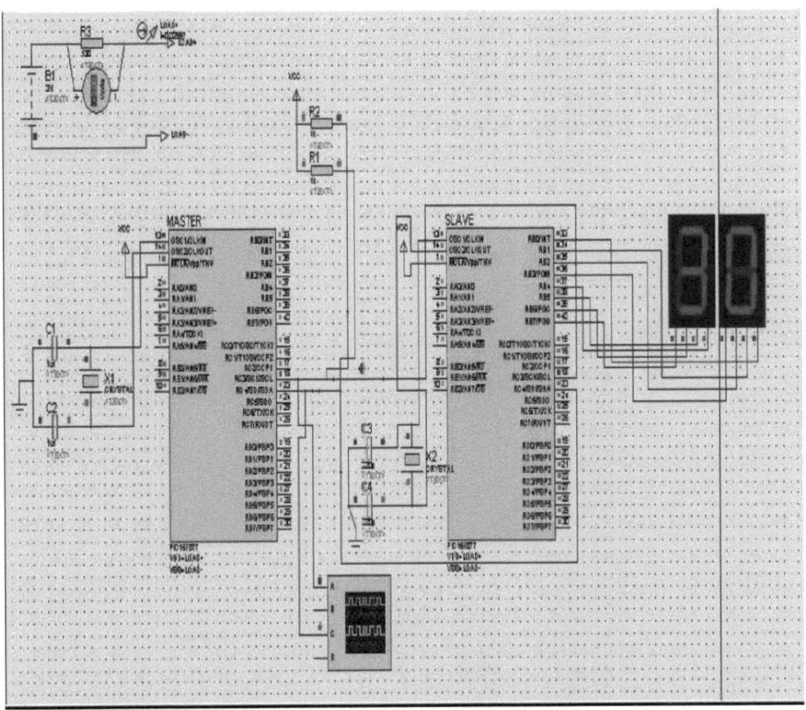

Fig.12 Esquema do Proteus VSM(ISIS) para transferência de dados de um byte utilizando I^{2}C

A frequência de relógio dos dois microcontroladores é selecionada como 10 kHz para transferir os dados de um byte. Os pinos de alimentação dos dois microcontroladores são ocultos na ferramenta Proteus VSM e os pinos de alimentação ocultos VDD, VSS são forçados a ligar os pontos Carga+ e Carga-, como se mostra na Fig.12, para a medição da energia utilizando o método de derivação de corrente. A alimentação externa (3V) é ligada à carga (microcontroladores) através da resistência de derivação R1(100Q), que é selecionada dentro do intervalo explicado em[1] . Um voltímetro digital é ligado através da resistência para medir a queda de tensão e uma sonda de corrente é inserida na linha para medir a corrente. O hardware virtual assim concebido funciona de acordo com os programas (código C incorporado) simulados no MPLAB IDE. São criados dois ficheiros hexadecimais no MPLAB IDE para o microcontrolador mestre e para o microcontrolador escravo e importados para o Proteus VSM (ISIS) para executar a simulação no Proteus. O esquema simulado é mostrado na Fig.12. Pode-se observar que o dado de um byte mencionado 0x30 é exibido em dois LEDs de 7 segmentos através da porta B do microcontrolador escravo. A queda de tensão através da resistência é de 3V e o valor da corrente na sonda de corrente é de 29,97mA, como se mostra na Fig. 15.

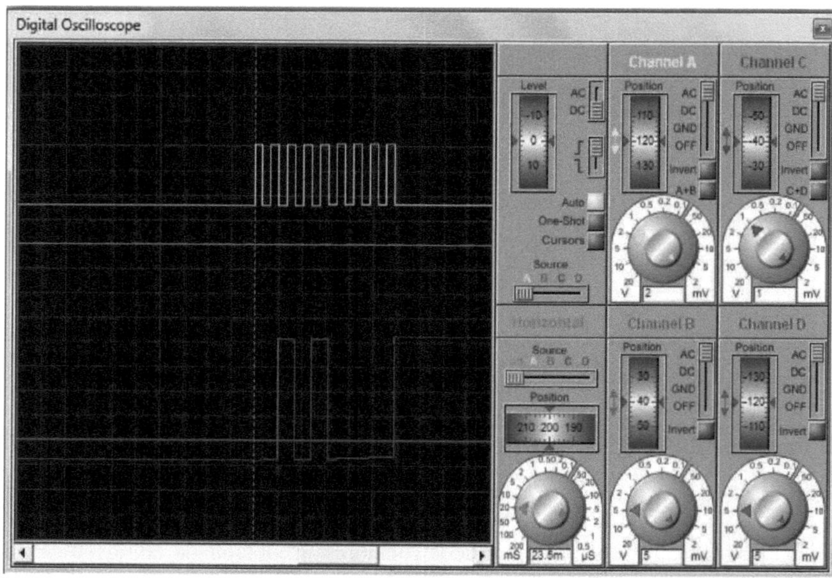

Fig.13Osciloscópio digital Proteus VSM enquanto simula o esquema da Fig.12 (transmissão do endereço escravo-0x28)

Na comunicação I2C, primeiro é transmitido o endereço do escravo e depois os dados. Na Fig.13, pode observar-se que o endereço do escravo (0x28, pode ser verificado no código C incorporado para I2C -slave) é transmitido para um fluxo de relógio. Na Fig.14, pode-se observar que o dado de um byte (0x30) é transmitido para outro fluxo de clock. Como resultado, o esquema da Fig.12 está a transmitir corretamente os dados de um byte (0x30) para o slave.

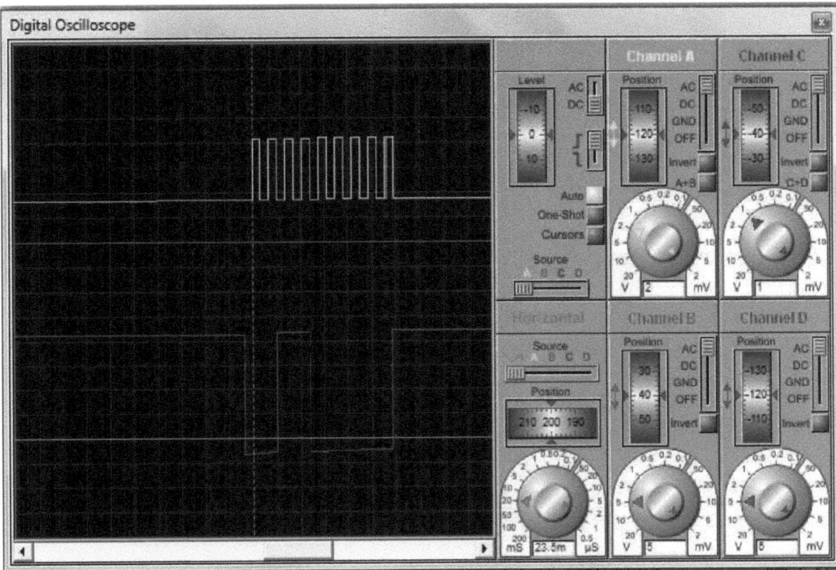

Fig.14 Osciloscópio digital Proteus VSM durante a simulação do esquema da Fig.12 (transmissão de dados-0x30)

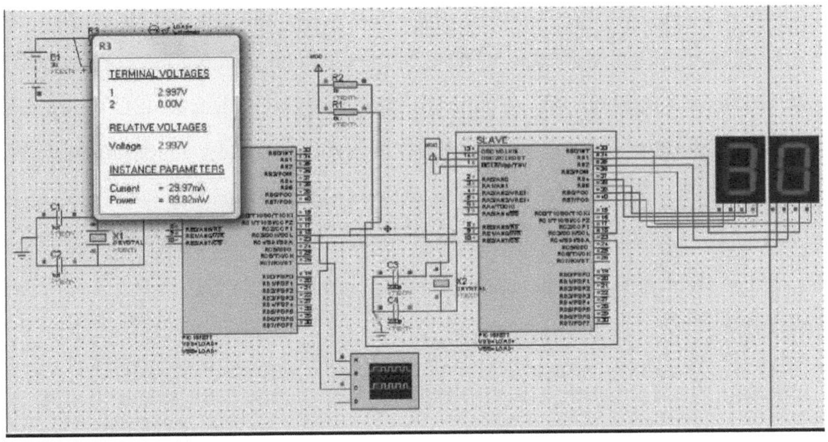

Fig.15 Parte do esquema ampliado da Fig.12 para mostrar os pormenores da queda de tensão e da corrente

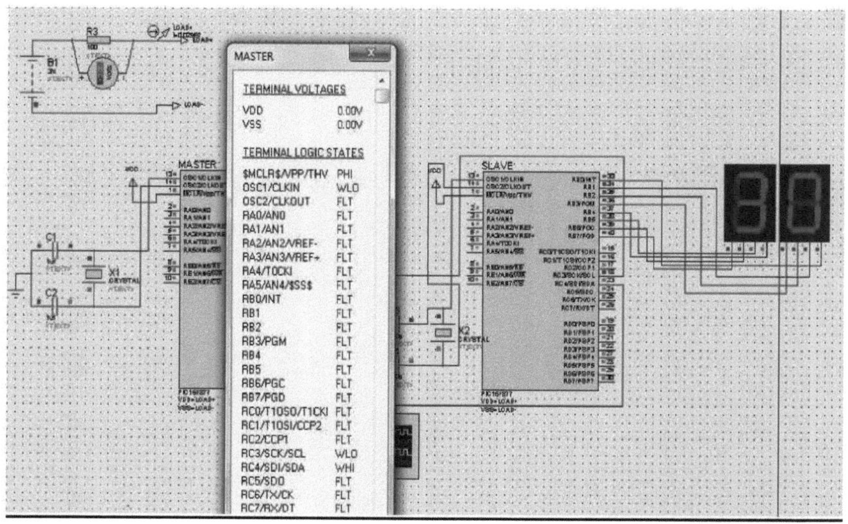

Fig.16 Parte do esquema ampliado da Fig.12 com as informações de funcionamento do Master

Como se mostra na Fig.16, as tensões terminais do Master são VDD-0.000V, VSS-0.000V durante a execução da simulação depois de a comunicação I2C ter sido activada. Sem a diferença de potencial entre VDD e VSS, o esquema funciona corretamente e a queda de tensão e a corrente não se alteram quando a comunicação I2C é desactivada. Estes problemas surgem durante a medição da energia utilizando o método de derivação de corrente. Assim, em vez de utilizar o método de derivação de corrente, como se mostra na Fig.16, são utilizadas sondas de corrente em todas as linhas do barramento I^{2}C para calcular a corrente total necessária para a comunicação I2C transferir um byte de dados (0x30).

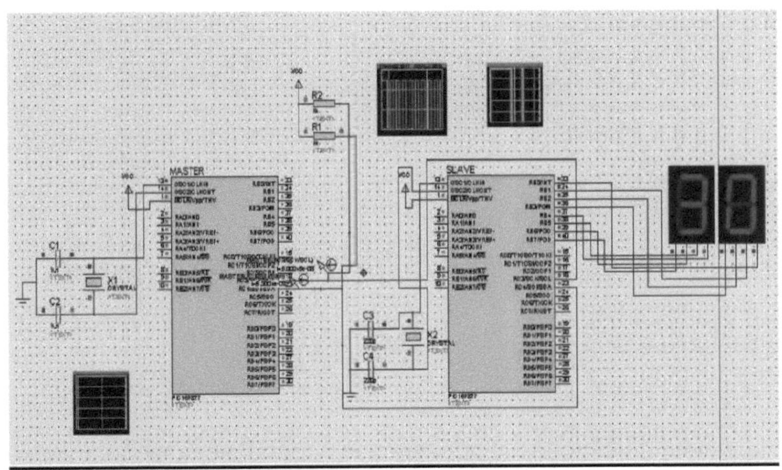

Fig.16 Esquema Proteus para transferência de dados i2c com sondas de corrente

Como se pode ver na Fig.16, as sondas de corrente são inseridas em todos os locais necessários para a comunicação I2C. A análise transitória da corrente para a transferência de um byte de dados (0x30) é traçada para todas as sondas de corrente para calcular a corrente total para a transferência de dados I2C. Não está ligada qualquer fonte de alimentação externa neste esquema, mas o circuito funciona corretamente com uma tensão de alimentação de 5V (implícita na ferramenta de simulação ligada a pinos ocultos)

5.6 Simulação no MPLAB IDE da interface I2C

A simulação do projeto criado para os microcontroladores mestre e escravo (em I2C) é mostrada na Fig.17 e na Fig.18. Tal como na Fig.17 e na Fig.18, na janela mais à esquerda é apresentado o nome do projeto criado, abaixo do qual são adicionados todos os ficheiros necessários, incluindo o ficheiro de origem. A janela central mostra o código fonte escrito em linguagem C embebida e a janela seguinte mostra a saída simulada. Uma vez terminada a simulação, os ficheiros hexadecimais dos microcontroladores mestre e escravo estão prontos para serem importados para o Proteus

VSM (para o esquema da Fig.16)

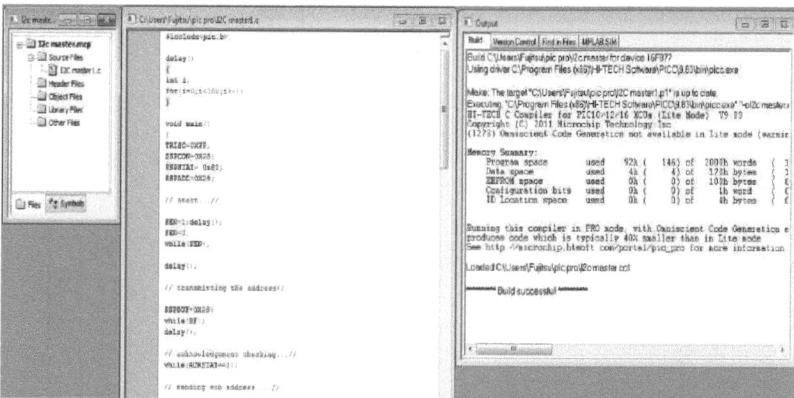

Fig.17 Simulação do código I^{2}C 'C' para o microcontrolador mestre

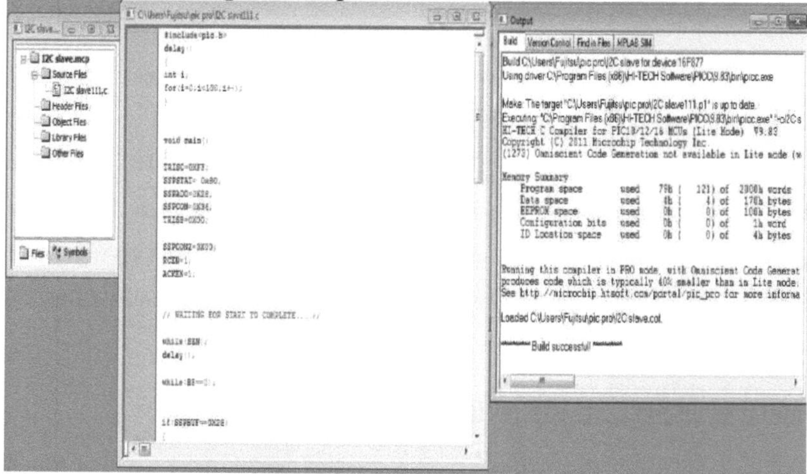

Fig.18 Simulação do código SPI 'C' para o microcontrolador escravo

Utilizando as interfaces de comunicação SPI e I2C dos microcontroladores PIC 16F877, foram transmitidos dados de um byte (0x30) do mestre para o escravo. O consumo de energia das interfaces SPI e I2C foi calculado com a tensão de alimentação de 5V e os valores de corrente medidos para a transmissão dos dados de um byte. O Proteus VSM foi utilizado para conceber o sistema de hardware virtual para as interfaces SPI e I2C e o

MPLAB IDE foi utilizado para criar ficheiros de programa 'embedded c' e ficheiros hexadecimais para os microcontroladores utilizados no Proteus VSM. A energia consumida para a transferência de um byte de dados utilizando a interface de comunicação SPI é de 9,325nJ. A energia consumida para a transferência de um byte de dados usando a interface de comunicação I2C é de 126,68 mJ. Entre estas duas interfaces, para a comunicação em série mestre-escravo simples utilizando o PIC 16F877, a transferência de um byte de dados (0x30) do mestre para o escravo na interface de série SPI consome menos energia do que na interface I2C. Como trabalho futuro, o consumo de energia das interfaces de comunicação SPI e I2C do PIC 16F877 pode ser calculado para a transmissão de mais bytes de dados do mestre para o escravo e para outras séries de microcontroladores PIC.

Referências

Z . Nakutis , "Embedded systems power consumption measurement methods overview, " MATAVIMAI, vol. 2, no. 44, pp. 29-35, 2009.

K. Mikhaylov, J . Tervonen , e D . Fadeev, "Energy efficiency aware application development using programmable commercial low-power embedded systems processors", em Embedded Systems - Theory and Design Methodology, K. Tanaka, Ed. Rijeka, Croácia: InTech, 2012, pp. 407-430.

Konstantin Mikhaylov e JouniTervonen , "Evaluation of Power Efficiency for Digital Serialinterfaces of Microcontrollers" 978-1-4673-0229- 6/12/$31.00 ©2012 IEEE

"Ficha técnica do PIC16F877", Microchip Technology Inc. http://ww1.microchip.com/downloads/en/devicedoc/spi.pdf

Guia de blocos SPI v.03.06, Motorola Semiconductors Products Inc. Std.S12SPIV3/D,2003

I2C - especificação do barramento e manual do utilizador rev.03, NXP Semiconductors Std.UM10204,2007

Proteus VSM TUTORIAL.pdf

Syahrel Emran Bin Siraj, Tan Yong Sing, Raman Raguraman, Pratap Nair Marimuthu , K . Nithiyananthan ,(2016) "Application of Cluster Analysis and Association Analysis Model Based Power System Fault Identification", European Journal of Scientific Research, Europe, Vol No 138, No 1.50-55.

S . SamsonRaja , R . Sundar , A . Amutha , K. Nithiyananthan , (2016) 'Virtual State Estimation calculator model for Three Phase Power System Network' , Journal of Energy and Power Engineering , vol . 10 , no . 8 , pp . 497-503, EUA.

Tan Yong Sing, Syahrel Emran Bin Siraj, Raman Raguraman, Pratap Nair Marimuthu , K . Gowrishankar, K . Nithiyananthan (2016) "Modelos de extração de dados de identificação de falhas baseados em análise de clusters para sistemas de alimentação trifásicos", International Journal of Innovation and Scientific Research, vol. 24, n.º 2, pp.

285-292, Ásia.

SekethVerma , Nithiyananthan . K (2016) 'MATLAB Based Simulations Model For Identification of Various Points in Global Positioning System', International Journal of Computer Applications,USA, Vol138, No13.15-18.

PratapNair, Nithiyananthan . K , (2016) 'Feasibility analysis model for mini hydro power plant in Tioman Island', International Journal on Distributed generation & Alternative Energy, U.K,Europe.Vol No 31 No 2,36-54.

PratapNair, Nithiyananthan . K , (2016) 'Effective cable sizing model for buildings and Industries' International Journal of Electrical and Computer Engineering, Asia, Vol16, No1,34-39.

S. Samson Raja, R. Sundar, T.Ranganathan, Dr. K. Nithiyananthan, (2015)'LabVIEW based simple Load flow calculator model for three phase Power System Network, International Journal of Computer Applications, USA, Vol132, No2.9-12.

Tan Yong Sing,Syahrel, Emran bin Siraj, Raman Raguraman, PratapNair Marimuthu , Dr. K . Nithiyananthan , (2015)'Local Outlier Fator Based Data Mining model for Three phase Transmission Lines Faults Identification', International Journal of Computer Applications, USA Vol130, No2.17-23.

S Hemavathi , K Nithiyananthan ,(2017)' Cloud Computing and Power

Systems Applications an overview; Advances in Natural and Applied Sciences, Asia, Vol 11, No 7,118-125.

Nithiyananthan , K, Pransu jain , (2015) 'Logixpro Based Scada Simulation Model For Packaging System In Dry Ice Plant' International Journal of Electrical And Computer Engineering, Asia.Vol 5, No2.443-453.

Priyankamani , Nithiyananthan . K , PratapNair, (2015)'Energy saving hybrid solar lighting system model for small houses' , World Applied Sciences Journal, Asia,Vol 33 No 3, PP: 460-465.

Pavithern, Raman Raghuraman, Pratap Nair,

Nithiyananthan K (2015)'Voltage stability analysis and stability improvement of Power system' International Journal of Electrical and Computer Engineering, Asia, Vol 5, No2,pp 189-197 April 2015.

Nithiyananthan . K, Ramachandran . V (2014) 'Effective Data compression model for online power system applications', International Journal of Electrical Energy, USA, Vol2, No2, pp 138-145 June 2014.

Nithiyananthan . K, Ramachandran . V (2013) 'Distributed Mobile Agent model for multi area power systems on-line state estimation' , International Journal of Computer Aided Engineering and Technology, Inderscience publications, USA, Vol. 5, No. 4,300-310.

Nithiyananthan . K e Ramachandran . V '(2013) Versioning -based service oriented model for multi are power systems on-line Economic load dispatch' Computers and Electrical Engineering Elsevier Publications USA Vol39, No 2, pp433-440.

Nithiyananthan . K, Ashish Kumar Loomba (2011) 'MATLAB/SIMULINK based Speed control model for converster controlled DC drives' International Journal of Engineering Modelling, Croatia, EUROPE, Vol. 24, No 1-4, pp.49-55.

Nithiyananthan K Ramachandran V (2011) "Location independent distributed model for on-line load flow monitoring for multi - area power systems" International Journal of Engineering Modelling, Croatia, EUROPE, Vol. 24, No 1-4, pp.21-27.

Nithiyananthan K Elavenil V(2011) 'CYMGRD Based Effective Earthling Design Model For Substation' International Journal for Computer Applications in Engineering Sciences Asia,Vol. I, No 3, pp.341-346.

Nithiyananthan . K, DonJacob (2011) 'A correlation among Potential Fields, Dempster-Shafer, Fuzzy Logic and Neural Networks based intelligent control systems' International Journal for Computer Applications in Engineering Sciences, Asia,Vol. I, No 3, pp. 347-354.

Nithiyananthan . K, Ramachandran . V (2010) 'Enhanced Genetic Algorithm Based Model For Power Systtem Optimal Load Flow' International Journal for Computer Applications in Engineering Sciences, Asia,Vol. I, No 2, pp.215-221.

Don Jacob, Nithiyananthan . K, (2009) ' Smart and micro grid model for renewable energy based power system' International Journal of Engineering Modelling, Croatia, EUROPE, Vol. 22, No 1-4, pp.89-94.

Nithiyananthan . K, Ramachandran . V, (2008) 'A plug and play model for JINI based on-line relay control for power system protection' International Journal of Engineering Modelling, Croatia, EUROPE, Vol. 21, No 1-4, pp.65-68.

Nithiyananthan K Ramachandran V (2008) 'A distributed model for Capacitance requirements for self-excited Induction generators' International Journal of Automation and Control, USA, Inderscience publications, Vol 2, No4, pp 519-525.

Don Jacob Nithiyananthan K (2008) 'Effective Methods for Power System Grounding' WSEAS Transactions on Business and Economics , USA. 30642

Nithiyananthan . K, Manoharan . N Ramachandran . V ,   (2006) "An efficient algorithm for contingency ranking based on reactive compensation index' Journal of Electrical Engineering, Romania, EUROPE Vol 57, No 1-4, PP 14.

Nithiyananthan.K , Ramachandran. V , (2005) 'Component Model Simulations for Multi - Area power system model for on-line Economic Load Dispatch' International Journal for Emerging Electric Power Systems , U.S.A, Vol 1, No 2, art no 1011.

Nithiyananthan K Ramachandran V (2005) "RMI based distributed model for multi-area power system on-line economic load dispatch" Journal of Electrical Engineering, Romania, EUROPE Vol 56, No 1-2, PP 41-44.

Nithiyananthan K. , Ramachandran V (2004) , 'Remote Method Invocation based Distributed Model for Multi - Area Power System Load flow monitoring in XMLised environment' , International Journal for Engineering Simulations, Reino Unido, EUROPE, Vol 5, No1, pp.32 - 37.

Nithiyananthan K and Ramachandran V (2004) 'RMI based distributed database model for multi-area power system load flow monitoring' International Journal for Engineering Intelligent Systems, United Kingdom, EUROPE. Vol 12, No 3, pp.185 - 190.

Nithiyananthan K. , Ramachandran V. (2003) , 'Component Model for Multi - Area

Power Systems on - line Dynamic Security analysis' Iranian Journal of Electrical and Computer Engineering, Teerão, Irão, Vol. 2, No. 2, pp. 103-106. .

Nithiyananthan K . , Ramachandran V .   (2003) , "RMI Based Multi Area Power System Load Flow Monitoring", Iranian Journal of Electrical and Computer Engineering, Teerão, Irão, Vol. 3, No.1, pp. 28-30.

Nithiyananthan K Ramachandran V (2003) 'Distributed Mobile Agent Model for Multi - Area on-line Economic Load Dispatch' Journal of Electrical Engineering, Romania, EUROPE, Vol. 54, No. 11-12, pp.316 319.

Nithiyananthan K Ramachandran V (2002) 'EJB based component model for distributed Load flow monitoring of multi - area power systems' International Journal of Engineering Modelling, Croatia, EUROPE, Vol. 15, No 1-4, pp.63-67.

www.microchip.com (para o tutorial do MPLAB IDE)

http://www.datasheetarchive.com (para a folha de dados do Embedded C)